RÉSULTATS ÉCONOMIQUES

DES

CHEMINS DE FER,

OU

OBSERVATIONS PRATIQUES

SUR LA

DISTRIBUTION DES RICHESSES

CRÉÉES PAR CES NOUVELLES VOIES DE COMMUNICATION

ET SUR

LE MEILLEUR SYSTÈME D'APPLICATION

DE LA LOI DU 11 JUIN 1842,

Par F. BARTHOLONY.

MARS 1844.

PARIS,

LIBRAIRIE ADMINISTRATIVE DE PAUL DUPONT,
RUE DE GRENELLE-SAINT-HONORÉ, 55.

[illegible]

RÉSULTATS ÉCONOMIQUES

DES

CHEMINS DE FER,

OU

OBSERVATIONS PRATIQUES

SUR LA

DISTRIBUTION DES RICHESSES

CRÉÉES PAR CES NOUVELLES VOIES DE COMMUNICATION

ET SUR

LE MEILLEUR SYSTÈME D'APPLICATION

DE LA LOI DU 11 JUIN 1842 ;

Par F. BARTHOLONY.

MARS 1844.

PARIS,

LIBRAIRIE ADMINISTRATIVE DE PAUL DUPONT,

RUE DE GRENELLE-SAINT-HONORÉ , Nº 55.

1844

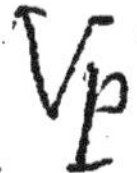

PARIS. — IMPRIMERIE DE PAUL DUPONT,
Rue de Grenelle-St-Honoré, 55.

AVERTISSEMENT.

Les lignes qu'on va lire, écrites à la hâte pour combattre l'intention que l'on prêtait à l'État de vouloir exécuter et exploiter par lui-même les chemins de fer, ne devaient pas recevoir de publicité par suite de la présentation des projets de lois portés à la Chambre des Députés, le 29 février dernier ; mais l'examen approfondi de ces lois et la persistance qu'on m'assure devoir être mise par le ministère des travaux publics à défendre ses propositions relativement à la police des chemins de fer, m'éclairent : je vois qu'au fond l'éternelle question : Qui exécutera les travaux publics, l'industrie privée ou l'État ? est encore à résoudre et que les partisans de l'esprit d'association doivent rentrer dans la lice.

Ce motif me détermine à revenir à ma première résolution, et je livre à la publicité mon travail, quelque imparfait qu'il soit.

Ceux qui, comme moi, croyent le pays grandement intéressé au triomphe de l'esprit d'association applaudiront à mes faibles efforts ; j'en ai la confiance.

Paris, ce 15 mars 1844.

TABLE DES MATIÈRES.

RÉSULTATS ÉCONOMIQUES

DES

CHEMINS DE FER.

Il y a soixante-huit ans, en 1776, date mémorable pour l'économie politique, l'immortel auteur des *Recherches sur la nature et les causes de la richesse des nations*, Adam Smith, s'emparant d'une épingle, analysait et démontrait les avantages de la division du travail d'une manière si nette et si ferme que jamais, depuis, il n'est venu à l'idée de personne de les contester.

Je viens, à mon tour, avec l'humilité qui convient à mon infériorité, essayer de démontrer par un exemple frappant et sous les yeux de tous, la puissante influence que peut exercer sur la prospérité générale l'esprit d'association appliqué aux travaux publics, et mettre en relief, autant qu'il dépend de moi, cette importante proposition, base de toutes mes publications antérieures :

« *Les travaux publics bien entendus, appuyés d'un*
« *tarif rémunérateur, profitent à tous sans rien coûter à*
« *personne.* »

En soutenant depuis 1834, avec persévérance, énergie et

conviction la vérité de cette proposition, j'ai eu trois choses en vue :

Etablir nettement cette vérité qu'un abîme sépare les
dépenses productives des dépenses improductives ;
Pousser énergiquement aux grandes entreprises de
travaux publics, quel que soit le mode d'exécution ;
Rassurer ceux qu'effraye l'importance des sommes
réclamées par ces travaux.

Pour prouver l'exactitude rigoureuse de la proposition
qui précède, plus heureux aujourd'hui qu'à l'époque dont je
parle, je m'appuierai sur des faits accomplis, incontestables,
et je ferai voir par l'exemple de la Compagnie du chemin
de fer de Paris à Orléans, prise à son origine, dans son germe,
si je puis m'exprimer ainsi, comment se forment et se con-
stituent, de nos jours, les grandes associations de capitaux,
comment se forment et se distribuent, entre tous, les riches-
ses que créent ces associations.

Ce nouveau travail, pour lequel je réclame l'indulgence
de mes lecteurs, aura, j'espère, quelque utilité ; il justifiera
incidemment et sans que je l'aie cherché, ce que j'ai dit tant
de fois des avantages qu'aurait eus pour le pays l'adoption du système de la garantie d'intérêt appliqué comme
encouragement aux travaux d'utilité publique par l'industrie, et il se terminera par quelques considérations sur la
marche que, selon moi, il faudrait suivre dans la grande
question des chemins de fer, pour ne pas compromettre les
espérances qu'a fait naître le système mixte consacré par la
loi du 11 juin. Ce système est, maintenant, l'objet de vives
critiques, de nombreuses attaques. Au lieu de profiter des
circonstances favorables actuelles pour faire de ce système
une habile et judicieuse application, on le bat en brèche autant qu'on le peut, et, chose singulière ! en tête des assaillants

on trouve, qui le croirait ! l'administration des ponts et chaussées ! elle qui a présenté à ses amis et à ses ennemis ce système comme son œuvre, comme le terrain neutre où devaient se réunir les partisans des travaux publics exécutés par l'Etat et les partisans des travaux exécutés par l'industrie.

Pour les personnes qui, ainsi que nous, ont accueilli la loi de 1842 comme une transaction entre les opinions extrêmes, comme la fin d'une rivalité déplorable et l'inauguration d'une ère nouvelle en fait de travaux publics, il y a déception, déception amère ; il est évident aujourd'hui que le système mixte n'a été inventé que pour arriver plus sûrement à l'exécution des chemins de fer par l'Etat et que l'antagonisme que nous déplorions jadis existe toujours et plus vivace peut-être que jamais : cet esprit de rivalité s'est trahi en effet de mille manières dans les actes de l'administration, et, bon gré mal gré, l'on est forcé de revenir à la pensée formulée par nous déjà en 1839 : que l'industrie privée, dans ses rapports avec l'Etat, devrait être affranchie de la tutelle de ceux aux yeux de qui elle apparaît comme une puissance nouvelle dont l'existence est contraire à l'intérêt public. Erreur de bonne foi sans doute, mais erreur étrange, fatale, qui, par le mal qu'elle a fait et surtout par le bien qu'elle a empêché de faire, a eu les plus funestes conséquences pour le pays (1).

Quant à nous, fidèle aux convictions qui, en vue de la grande accélération des travaux (en vue de cette accélération

---

(1) Le projet de loi sur la police des chemins de fer est là pour attester le véritable esprit de l'Administration envers les Compagnies. *Cette loi est destinée à nous préserver des chemins de fer*, disait fort spirituellement un membre du conseil d'Etat ; il faut lui restituer son titre véritable et l'appeler : *Loi contre le développement de l'esprit d'association.* Au reste, nous verrons comment les Chambres accueilleront cette œuvre de jalousie et de colère, qui nous rappelle involontairement la loi d'amour de M. de Peyronnet.

seulement) nous ont fait appuyer de nos faibles efforts la loi de 1842 , nous continuerons à signaler les moyens qui nous semblent les plus propres à faire, du système mixte qu'elle a consacré, un système éminemment utile et profitable au pays. Car, on le sait, ce système a une élasticité telle que, suivant l'application plus ou moins intelligente qu'on en fera, il deviendra une excellente ou une détestable chose. Dans cette situation , il est du devoir de chacun d'apporter dans le débat le tribut de ses lumières , quelque faibles qu'elles puissent être; c'est le sentiment de ce devoir qui a dicté cette nouvelle publication.

Mais avant d'aborder la question de la meilleure application du système mixte, nous jetterons, comme nous l'avons dit, un coup d'œil rétrospectif sur le passé; nous examinerons comment s'est formée la Compagnie du chemin de fer d'Orléans, quels ont été les résultats généraux et particuliers de la construction de ce chemin; quels sont ceux de l'exploitation depuis son origine. Cet examen consciencieux nous fournira des renseignements intéressants dont nous tâcherons de tirer des conséquences utiles; rien en effet ne frappe davantage qu'un exemple, et c'est de celui du chemin de fer d'Orléans , sous les yeux de tous; que nous voulons appuyer nos raisonnements; puissions-nous ne pas rester au-dessous de la tâche que nous nous sommes imposée et apporter réellement quelques lumières dans cette grave discussion.

§ Ier.—Origine de la Compagnie du chemin de fer d'Orléans.

En 1838, on se le rappelle, le ministère du 15 avril apporta à la chambre des députés , qui le repoussa à une grande majorité, un projet de loi des chemins de fer à exécuter par l'Etat. La chambre proclama à cette époque un principe qui n'a pas cessé d'être vrai et qui, s'il pouvait être

momentanément méconnu , ne tarderait pas à reprendre
son empire, la raison et la vérité finissant toujours par
triompher : c'est que l'Etat ne doit faire de travaux d'utilité
publique que ceux que l'industrie privée a refusé d'exécuter , même au prix des plus grands encouragements ; car,
disait-on alors , avec toute raison , « il n'est pas permis
au gouvernement d'employer la bourse de tous au profit de
quelques-uns, lorsqu'il peut faire autrement. » L'opinion
publique se prononça avec force, en effet, à cette époque ,
pour l'industrie ; et de cette démonstration en faveur de
l'esprit d'association naquit la compagnie d'Orléans.

Pour fonder cette Compagnie , une réunion de chefs de
maisons de banque et de capitalistes s'était spontanément
formée. L'idée que l'établissement du chemin de fer d'Orléans serait une entreprise utile, au double point de vue du
public et des intéressés , saisit huit personnes sollicitées par
M. C. Leconte d'appuyer ses démarches pour obtenir la
concession de ce chemin. Elles y consentent, et, de ce moment, le projet prend un corps : la concession est approu-
vée par les chambres, promulguée par une loi ; une société
anonyme est fondée, et d'une idée toute métaphysique sort
une grande et puissante association. Des bureaux sont
créés, les administrateurs, les directeurs, les ingénieurs sont
nommés, un personnel nombreux est réuni, tout autour d'eux
prend le mouvement et la vie. Les actions créées en repré-
sentation du capital nécessaire à l'entreprise sont partagées ;
une portion est distribuée au public, l'autre, la plus considérable de beaucoup, est conservée par les fondateurs qui ,
forts de leurs convictions, supportent sans broncher la
réaction de l'opinion publique sur la valeur des concessions
de chemins de fer (1). Cette panique qui survint immédiate-

---

(1) On se rappelle les causes de ce discrédit. Il fut en grande partie produit par

ment après la fondation de la Compagnie, dura longtemps encore après la réforme des conditions onéreuses que l'administration des ponts et chaussées, pour se venger de l'échec qu'elle venait d'éprouver, avait su faire imposer aux compagnies en 1838; néanmoins, la réforme du cahier de charges avait raffermi le terrain sur lequel l'entreprise était assise, et à partir de la promulgation de la loi réparatrice du 15 juillet 1840, malgré les craintes de guerre qui surgirent immédiatement après, et l'altération grave du crédit qui en fut la suite, les travaux ne furent pas un instant interrompus ou compromis et ils marchèrent sans interruption à leur complet achèvement jusqu'au jour de la mise en exploitation du chemin dans toute son étendue, événement annoncé longtemps d'avance et qui s'est réalisé jour pour jour à l'époque indiquée (le 2 mai 1843).

La formation de la Compagnie, les causes qui ont compromis d'abord et ensuite celles qui ont permis, facilité l'exécution de son œuvre, expliquées (1), nous examinerons en détail les conséquences économiques de la construction du chemin proprement dite, et les résultats constatés de son exploitation, bien qu'à peine commencée.

§ II.—Des résultats produits par la construction du chemin.

La Compagnie créée et organisée, la première conséquence de cette organisation fut de fournir de l'occupation et des

---

les mécomptes résultant des études insuffisantes et des calculs erronés fournis par les ponts et chaussées aux concessionnaires. Plusieurs d'entre eux obtinrent pour ce fait la résiliation de leur contrat.

(1) Nous avons expliqué longuement ailleurs (1re et 2e lettre à un député, 1842 et 1843) que c'est à la fois à la garantie d'intérêt et à la confiance des actionnaires dans les études sérieuses et les devis sincères des ingénieurs de la Compagnie, que nous avons dû de pouvoir surmonter les difficultés considérables qui ont accueilli l'entreprise à son début.

traitements en rapport avec les services, à un grand nombre de personnes qui, sans elle, eussent été peut-être totalement privées d'emploi. A ces serviteurs de la Compagnie vinrent s'adjoindre une multitude d'ouvriers en tous genres : *terrassiers*, *forgerons*, *bûcherons*, *maçons*, *charpentiers*, *serruriers*, etc., etc.. . . . enfin tous les hommes au nombre de 5 ou 6 mille au moins qui, employés directement ou indirectement par la Compagnie, ont trouvé dans la construction du chemin, de la voie, de son matériel et de toutes ses dépendances, du travail et un salaire.

Tous ces hommes, en possession d'une occupation lucrative, ont vécu plus largement, se sont mieux nourris, mieux vêtus, et le trésor a trouvé, déjà dans ce fait, par l'augmentation des revenus indirects, une première preuve matérielle des avantages que les travaux publics lui procurent.

De leur côté, les chefs de ces ouvriers, les entrepreneurs de terrassement, les fabricants de rails, de coussinets, de machines locomotives, de voitures, les marchands de fers ouvrés, les entrepreneurs de bâtiments, etc., ont vu aussi leurs affaires prospérer ; l'influence des chemins de fer sur les établissements des forges de l'Aveyron, d'Alais, de Fourchambault, du Creusot et autres, est notoire ! Or, s'il est vrai que la prospérité publique soit la source alimentaire du trésor, et ce n'est pas douteux, celui-ci a dû trouver là aussi une cause nouvelle de nombreux et importants revenus.

Je n'ai pas parlé encore des mutations de propriété, des changements et embellissements de tous genres amenés par l'établissement du chemin de fer d'Orléans. Pour citer un seul exemple entre mille, qu'on se rappelle ce qu'était le boulevard de l'Hôpital et qu'on voie ce qu'il est aujourd'hui ! Cette comparaison suffira pour donner une juste idée de ce que ce quartier est appelé à devenir un jour, et de ce que Paris et toutes les villes par où passe ou auxquelles aboutit ce chemin de fer, ont gagné et gagneront à son établissement.

En résumé : cinquante millions ont été intelligemment et loyalement dépensés en *mains-d'œuvre, en fer, en bois, en machines* (1), *en acquisitions de terrains et en constructions de toutes espèces*, dans un but d'utilité que nous apprécierons plus loin, sans qu'ils soit sorti un centime du trésor ; pour le moment nous n'avons voulu appeler l'attention que sur les résultats directs des travaux considérés en eux-mêmes, abstraction faite du but de leur exécution.

§ III.—Des résultats produits par la mise en exploitation du chemin.

Le chemin de fer construit — et il l'a été dans des conditions de solidité, de sécurité et d'achèvement qui ne laissent rien à désirer, et dans un temps très-court, eu égard à l'interruption forcée des travaux de 1839 à 1841, date des nouveaux statuts;—le chemin de fer construit, il a fallu se préparer à l'exploiter ; delà, la nécessité d'un nouveau personnel nombreux: sept à huit cents personnes attachées définitivement à la Compagnie, choisies avec soin, recevant un million de traitement annuel , ont trouvé une existence honorable dans cette organisation qui n'était pas sans difficultés et dont il est facile de comprendre l'importance. Supposez, en effet, au lieu d'une administration

---

(1) Les seuls objets tirés de l'étranger par la Compagnie ont été quarante machines locomotives importées d'Angleterre, pour une somme de deux millions environ ; mais c'est un tribut passager dont l'industrie française tend chaque jour à s'affranchir : les ateliers de la Compagnie elle-même ont dans ce moment des machines locomotives en construction; d'ailleurs, cette importation a encore été la cause d'une recette spéciale, pour le trésor, de plus de 300,000 francs. On le voit, de quelque manière que les choses se passent en fait de construction de chemin de fer, le trésor y gagne toujours.

privée, indépendante de toute influence extérieure et sous la préoccupation constante de sa responsabilité morale et pécuniaire, supposez, dis-je, une administration soumise à toutes sortes d'exigences, comme le serait l'administration des ponts et chaussées, par exemple, et dites si la sécurité publique serait suffisamment garantie par un personnel dont le choix n'aurait pas été entièrement libre et dont les modifications sans cesse nécessaires ne le seraient pas non plus?...

Le matériel et le personnel prêts, la voie nouvelle ouverte, l'exploitation commencée, en voici les résultats généraux :

La route pavée qu'abîmaient sans relâche les diligences et les voitures de roulage, est presque abandonnée et le sera de plus en plus ; première cause d'économie pour le trésor.

Les voyageurs gagnent à ce nouveau mode de transport une somme notable sur le prix de leurs places, économie que nous évaluerons plus loin ; et de plus, ce que nous ne pouvons évaluer en argent, ils gagnent 6 ou 7 heures sur 11 heures que durait le trajet, sans compter la commodité, la sécurité et l'agrément d'avoir toujours une place assurée.

Les marchandises arrivent à leur destination deux jours plus tôt sur trois, et payent beaucoup moins cher un transport opéré bien plus sûrement. Nous évaluerons aussi plus loin l'importance de cette économie.

Le trésor touche l'impôt foncier, l'impôt de patentes et des portes et fenêtres, et enfin l'impôt du dixième des voyageurs qui s'élèvera la première année à 150 mille francs, au minimum, pour la seule ligne d'Orléans.

Enfin, le gouvernement se fait faire gratis un service de poste aux lettres sur toute la ligne, et obtient à moitié prix le transport des militaires en service ou en congé.

Je pourrais entrer aussi dans l'énumération des nouveaux et nombreux avantages indirects que procure au trésor le chemin de fer, je ne le ferai pas afin d'arriver de suite à l'appréciation, en argent, de l'économie qu'en retire le public voyageur. Cette appréciation la voici :

La ligne de Corbeil transporte annuellement plus de 800,000 voyageurs pour une somme de 1,050,000 francs. L'économie sur l'ancien prix des places ne peut pas être évaluée à moins d'un tiers, soit 350,000 francs.

La ligne d'Orléans transportera la première année, au moins 550 mille voyageurs, pour une somme de 3,150,000 francs.

L'économie sur le prix des places est estimée très-bas à un tiers comme sur Corbeil, soit à....... 1,050,000 fr.

Le transport des marchandises pour l'année prochaine a été évalué au minimum :

à 10 mille tonnes sur Corbeil } Pour un produit de 2,060 mille fr. Bagages et articles de messagerie
à 100 mille tonnes sur Orléans } compris.

L'économie sur le transport des marchandises qui se fait sur le chemin de fer, en moyenne, aux prix réduits de 10 à 15 c. par kilomètre et par tonne, selon leur nature (le tarif légal est de 16 à 20 c.), ne peut pas non plus être évaluée à moins d'un tiers, soit à environ....... 700,000 fr.

Économie *annuelle* produite sur le transport des hommes et des choses par le chemin d'Orléans : au grand minimum... 2,100,000 fr. représentant à 4 %, un capital de cinquante-deux millions cinq cents mille francs (1).

---

(1) Ces évaluations diverses éprouveront, avec le temps, de très-notables améliorations, dont néanmoins nous n'avons tenu aucun compte. Nous n'avons fait non plus aucune évaluation pour le transport des voitures et des chevaux, le premier

Ainsi, en ce qui concerne le public aussi bien que le trésor, l'établissement du chemin de fer d'Orléans a produit des recettes ou des économies annuelles considérables, non compris les avantages de tous genres, inappréciables en argent, offerts par les chemins de fer, comparés aux voies anciennes!

Voyons, maintenant, ce qui s'est passé pour les actionnaires, c'est-à-dire pour le public, car chacun peut devenir actionnaire avec son argent et jouir sans aucunes réserves ni restrictions de tous les avantages résultant de la propriété du chemin de fer d'Orléans; en effet, les administrateurs ne se distinguent des simples actionnaires que par les peines qu'ils prennent chaque jour gratuitement pour la prospérité de l'entreprise, et par la responsabilité morale qui pèse sur eux. Quatre-vingt mille actions de 500 fr. représentant un capital de 40 millions, ont été créées ; restées plusieurs années aux environs du pair et plus généralement au-dessous, ces actions n'ont pris leur marche ascendante qu'à l'approche de l'inauguration et après la mise en exploitation du chemin dans toute son étendue : la hausse des actions a donc été lente, successive et l'unique effet de l'appréciation des produits réalisés ou rendus probables par les résultats connus.

Cette progression régulière, conséquence naturelle de la marche constamment sage et circonspecte de l'administration, est un démenti formel et péremptoire aux accusations d'agiotage et de manœuvres adressées indistinctement aux compagnies de chemins de fer. La Compagnie d'Orléans, pour ce qui la concerne, n'a jamais mérité l'ombre d'un pareil reproche et elle serait en droit de protester énergi-

---

n'apportant pas d'économie qui vaille la peine d'être évaluée, à moins qu'on n'aille à petite vitesse, et le second étant sans point de comparaison possible.

quement contre une semblable imputation, si elle lui était nominativement adressée.

Comme nous le disions, la mise en exploitation de la ligne ayant fait tomber les bruits que la malveillance ou l'ignorance avaient accrédités, et révélé à tous la *valeur réelle* de la concession du chemin de fer d'Orléans ; enfin la loi du 11 juin ayant éveillé l'attention sur les chances favorables de l'avenir, les actions ont pris faveur dans l'opinion et atteint, après cinq ans de travaux, le cours de 850 fr.; c'est-à-dire qu'elles représentent, sur leur pair, un bénéfice de 70 % soit de 28 millions nets, les intérêts pendant la durée des travaux ayant été servis aux actionnaires au taux de 4 %.

Mais ce n'est pas tout : au mois d'octobre 1842, le capital social étant insuffisant, un emprunt de 10 millions fut autorisé et accordé par privilége aux actionnaires.

Cet emprunt émis, tout compensé, aux environs de 1,100 fr. par obligation, le cours monta successivement, et il a atteint maintenant le taux de 1,250 fr. Il en est résulté pour les actionnaires un nouveau bénéfice de 1,500 mille francs, dû au crédit dont jouit, à juste titre, la Compagnie. Au total, dans l'état actuel des choses, les actionnaires font sur le montant total des actions et obligations de l'emprunt un bénéfice net de trente millions environ, soit 75 p. % du capital social, répartis entre un grand nombre d'actionnaires anciens et nouveaux.

Certes, c'est un beau résultat, mais, ce n'est, il faut le dire, que la juste récompense des efforts persévérants faits par la Compagnie d'Orléans pour créer au pays un monument dont l'utilité publique n'est pas et ne peut pas être contestée !

Le capital social, augmenté des trois quarts comme nous venons de le dire, est représenté sous la forme la plus parfaite, sous celle d'actions ou d'obligations de petites coupures et d'une négociation facile. C'est une valeur nouvelle entrée dans la circulation ; un papier monnaie d'une grande solidité, portant intérêt : c'est, en un mot, un développement nouveau du crédit, *une annexe des caisses d'épargne*, car il dépend de chacun d'apporter dans ces entreprises son tribut, grand ou petit, et de placer ainsi solidement et avantageusement ses économies.

Cette considération, d'une nature particulière, paraît avoir échappé aux partisans de l'exécution des travaux publics par l'État. Elle a cependant une importance politique facile à saisir. En effet, attacher par leur intérêt, des populations entières à des entreprises de longue haleine, qui ont essentiellement besoin de paix et de tranquillité, ce n'est pas, au temps où nous vivons, une chose à dédaigner, et nous nous étonnons, si le gouvernement l'a compris, qu'il ait pu hésiter un instant entre l'exécution des travaux publics par l'État ou par l'industrie.

Ainsi, nous venons de le démontrer, il y a eu dans l'établissement du chemin de fer d'Orléans des avantages divers et en grand nombre :

Travail pour une multitude d'individus;

Économie pour divers services publics ;

Recettes nombreuses et importantes pour le trésor ;

Économie considérable de temps et d'argent pour les voyageurs et les marchandises ;

Commodité et sécurité pour tous ;

Embellissement et assainissement des villes traversées ou mises en communication ;

Embellissement et augmentation de valeur d'un grand nombre de propriétés rapprochées de Paris ;

Vente de terrains à des conditions généralement avantageuses ;

Enfin, bénéfice considérable pour les actionnaires de

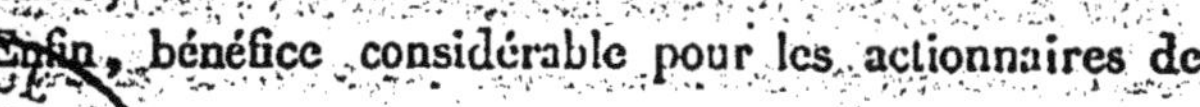

l'entreprise ; en d'autres termes et en résumé, *augmentation notable de la richesse publique.*

Telle est l'énumération incomplète des avantages produits par l'établissement des chemins de fer.

En présence de pareils faits, qui pourrait ne pas regretter, non pas les concessions faites à des compagnies, mais le temps perdu à se débattre sur la question de savoir s'il faut accorder des concessions? Et ma proposition : « les travaux de viabilité publique bien entendus, appuyés d'un tarif rémunérateur, profitent à tous sans rien coûter à personne, » ne sort-elle pas victorieuse de l'examen véridique que nous venons de faire des résultats obtenus par suite de l'établissement du chemin de fer d'Orléans?....

Une route nouvelle a été créée comme par enchantement. Cette route n'a coûté ni peine à l'administration ni argent au trésor. Elle est entretenue constamment en bon état, sans que l'administration ni le trésor aient à s'en mêler ; et le public trouve néanmoins à se servir de cette voie nouvelle des avantages nombreux et de tous les genres.

L'ancienne route pavée, au contraire, presque abandonnée aujourd'hui à cause de ses inconvénients, a coûté pour la construire des peines à l'administration et de l'argent au trésor, et pour la maintenir à l'état d'entretien et souvent quel entretien! elle a coûté, elle coûte et elle coûtera encore et toujours des peines à l'administration et de l'argent au trésor.

Que l'on compare les deux modes de travaux par l'État ou par voie de concession et que l'on explique, si l'on peut, comment on a pû mettre en doute un instant celui qu'il est préférable d'employer?

Cependant chacun sait les attaques injustes, les épithètes injurieuses auxquelles sont en butte chaque jour les hommes qui ont courageusement consacré leurs efforts au dévelop-

pement des travaux publics par l'industrie privée.....
Mais en présence du bien qu'ils ont déjà fait et des merveilles que l'esprit d'association bien compris, protégé et dirigé comme il devrait l'être, comme il le sera un jour, est appelé à produire, il leur est permis de dédaigner ces attaques, de mépriser ces injures.

Toutefois, si l'on veut appeler dans les grandes entreprises de travaux publics les hommes honorables qui s'en sont tenus à l'écart jusqu'ici, et ne pas en chasser ceux qui les premiers y sont entrés, il ne faut pas que le gouvernement se rende complice de déclamations ignorantes ou passionnées, et qu'il renonce à défendre hautement et énergiquement, comme il le doit, les principes au moyen desquels, seuls, on parviendra à fonder en France de grandes et utiles associations (1).

Si parmi les personnes que leurs hautes fonctions dans l'Etat appellent tout naturellement à favoriser le développement de l'esprit d'association, il y en avait d'assez aveugles pour ne pas voir ce qu'il y a de beau, ce qu'il y a de fécond dans les associations fondées pour les grandes entreprises d'utilité publique, ces personnes seraient, sans le savoir, la cause d'un bien grave préjudice pour le pays.

Qui peut dire, en effet, le développement qu'aurait pris

---

(1) Pour combattre les idées favorables à la formation des Compagnies, l'on a jeté dans le monde, contre ces associations, les mots de *grands-fiefs*, de *retour à la féodalité*; c'est se moquer des gens de penser que l'opinion se laissera aller aux terreurs qu'on voudrait faire naître. Quoi ! une Compagnie constituée pour de grands travaux publics, constamment sous l'obligation de statuts dont elle ne peut, sous aucun prétexte, s'affranchir; de statuts approuvés par le Gouvernement; une Compagnie dans laquelle tout le monde peut entrer avec son argent serait une institution féodale que nos mœurs repoussent, un monopole contraire au principe d'égalité !

Allons donc!.....

la fortune nationale, si l'administration s'était placée à un point de vue assez élevé pour considérer comme une auxiliaire et non comme une ennemie l'industrie privée, dont elle aurait pû obtenir de si grands et de si beaux travaux !

D'abord la loi du 11 juin n'aurait probablement pas été nécessaire ; mais à supposer que, pour hâter l'entrée en jouissance des chemins de fer, elle l'eût été, au moins ne la mettrait-on pas en question comme on le fait aujourd'hui. l'on chercherait simplement à en tirer le parti le plus avantageux pour l'État, et rien ne serait plus facile.

Mais qu'on y prenne garde! si les opinions vacillent quelquefois, comme nous n'en avons que trop la preuve en ce moment, la lumière finit tôt au tard par percer, et je me trompe fort, ou, dans cette lutte nouvelle, l'administration des ponts et chaussées ne verra pas couronner de succès les projets d'exclusion et de monopole qu'elle poursuit depuis longtemps avec une si malheureuse persévérance.

§ IV.—De la privation pour l'Etat des bénéfices qu'il pourrait faire sur les chemins de fer.

D'après les calculs que nous avons établis dans les paragraphes II et III de cet écrit, il est impossible de nier que la concession du chemin de fer d'Orléans à une Compagnie n'ait été un bien, car les avantages dont nous avons parlé n'eussent pas été obtenus sans cette concession qui n'a rien coûté au trésor. Cela est vrai, dira-t-on, mais entre concéder et ne concéder pas des travaux publics à l'industrie, il y a un troisième terme, un autre mode de procéder: c'est l'exécution de ces travaux par l'État.

Eh bien! puisque, en effet, c'est ainsi que la question est de nouveau posée, examinons s'il est vrai que, dans ce système exclusif, tous les avantages que nous avons signalés, se fussent également produits, en supposant, ce qui pourrait encore être contesté, que, grace à l'imitation des procédés expéditifs employés par les compagnies, le chemin eût été exécuté aussi rapidement et aussi économiquement par l'administration ; or, même dans ce cas, l'État aurait eu à débourser 5o millions. Cela est vrai, répondra-t-on, mais s'il eût déboursé ce capital, l'Etat en aurait retiré, comme la Compagnie, un intérêt élevé ; oui, aussi reconnaissons-nous volontiers que la privation de ce bénéfice est un point sur lequel on a pu s'appuyer, avec quelque apparence de raison, pour oser exprimer un regret.

Mais je le demande, lorsque le gouvernement se félicite publiquement que l'industrie et le commerce sont en pleine prospérité, est-il jamais entré dans l'esprit de personne de regretter que l'État ne se soit pas réservé le monopole de l'industrie et du commerce, et qu'il n'ait pas fait lui-même, directement, les bénéfices que procure aux commerçants et aux industriels cette prospérité? Est-il jamais entré dans l'esprit de personne de regretter que l'État ne se soit pas réservé le monopole de la fabrication *des fers, des draps , des soieries, des vêtements,* enfin de tout ce qui se fabrique, comme il s'est réservé le monopole du tabac et celui du transport des lettres? Et cependant, considéré au seul point de vue des bénéfices, il y aurait à le demander tout autant de raison que de réclamer pour l'État le monopole de la construction et de l'exploitation des chemins de fer !

Mais, en supposant que l'État, en vue de s'approprier les bénéfices que pourraient faire les compagnies, c'est-à-dire le public, c'est-à-dire tout le monde, pût et dût se charger du monopole des chemins de fer, est-il constant que les chemins de fer exploités par les ponts et chaussées (*car c'est à cette exploitation qu'on en veut venir afin d'avoir des*

emplois nombreux à donner), est-il constant que les chemins de fer rendraient les mêmes produits?

J'affirme hardiment le contraire par une multitude de
raisons trop longues à déduire ici ; j'en indiquerai seulement deux en passant : la première, c'est que l'état aurait
beaucoup de peine à maintenir des tarifs rémunérateurs ;
et la deuxième, c'est qu'il serait plus mal placé que personne
pour choisir un personnel d'élite, auquel d'ailleurs le feu
sacré, l'intérêt privé, manquerait toujours.

S'il est vrai que les bénéfices que feraient les compagnies
l'État ne pourrait pas ou ne saurait pas les faire ; que
devient le motif, le seul motif spécieux pour lequel on
lui donnerait un si grand embarras ? L'administration
des ponts et chaussées, on le sait, ambitionne depuis un
grand nombre d'années l'exploitation des chemins de fer,
et cette ambition contrariée est bien la cause, la seule cause
véritable des retards apportés par elle à l'établissement de
ces admirables voies de communication (1). Eh bien! il faut
le dire, l'administration des ponts et chaussées se trompe ;

(1) N'est-ce pas, je le demande, une chose déplorable, un véritable malheur public que l'administration des ponts et chaussées se préoccupe à ce point des intérêts d'amour-propre de son corps, qu'elle ne voie pas que s'opposer, comme elle
n'a cessé de le faire plus ou moins ouvertement, plus ou moins habilement, aux
travaux considérables que l'on pourrait obtenir du concours de l'industrie, c'est,
de sa part, tout à la fois donner une preuve d'ignorance des vrais intérêts du pays
et manquer au plus impérieux de ses devoirs, celui de favoriser le développement
des travaux d'utilité publique.

Si, depuis dix ans et plus qu'il a été permis au gouvernement de s'occuper sé-
rieusement des intérêts matériels du pays, l'administration des ponts et chaussées,
s'élevant au-dessus des vues étroites d'un intérêt personnel mal entendu, avait
épousé la cause de l'industrie, applaudi à ses efforts, et appuyé franchement les
combinaisons ayant pour objet le rapide développement des travaux publics, comme
la garantie d'intérêt, par exemple, de combien de chemins de fer, de canaux,
d'établissements utiles qui lui manquent, la France ne serait-elle pas riche aujourd'hui ?

En vérité, si la marche suivie par l'administration des ponts et chaussées n'éelle ne sait pas ce qu'elle désire, l'exploitation des chemins de fer serait le don le plus funeste que l'État pourrait lui faire, elle succomberait à la peine.

Il n'y a donc aucun motif raisonnable de modifier la loi du 11 juin 1842, autrement que pour améliorer les conditions des baux à passer, à quoi elle se prête parfaitement. C'est là seulement que doit se porter la sollicitude du gouvernement; agir autrement serait se préparer des regrets, si ce n'est un échec devant les chambres, échec d'autant plus humiliant pour le ministère qu'on le lui ferait subir en le battant avec ses propres armes. Il n'y aurait qu'à les aller chercher dans l'arsenal des discours prononcés par lui en 1842. –

Mais, si l'on adopte la marche qui nous paraît la seule raisonnable, qu'on se préserve d'un retour aux sentiments étroits et jaloux de 1838, et que, dans la crainte des succès des compagnies, on se garde bien de leur imposer des conditions telles qu'il faudrait les réformer plus tard, ou se résigner à voir ces entreprises succomber! Que l'exemple du passé serve à nous garantir d'erreurs funestes, ou qu'on nie alors que tout travail mérite salaire; que l'on proclame tout haut, si on l'ose, que l'État a lieu de s'applaudir quand des entreprises d'utilité publique recueillent la ruine pour prix de leurs labeurs? Mais non; c'est aujourd'hui une vérité triviale que la véritable, la seule fortune de l'État, c'est la prospérité générale; elle seule, en effet, rend facile la perception de l'impôt, et permet de jouir de tous les avantages qui, dans une société civilisée, en sont la conséquence immédiate; réjouissez-vous donc de tout ce

tait le résultat d'une erreur de bonne foi, elle serait un acte de lèze-nation. On peut juger, par l'exemple d'un seul chemin de fer de 133 kilomètres, ce que cette marche anti-économique coûte à la France!......

qui tend à augmenter cette fortune de chacun qui est la fortune de tous au point de vue de l'économie publique, et gardez-vous de croire que ce qui est gagné par les citoyens, par les travailleurs, soit perdu pour l'Etat. Cette doctrine est tellement opposée à tous progrès que l'on a peine à concevoir qu'elle puisse être professée par des hommes de l'administration, et cependant.....

CONCLUSION.

Nous avons essayé de démontrer par l'exemple d'un seul chemin de fer, celui d'Orléans, quels avantages nombreux et de tous genres le pays aurait obtenus du concours de l'industrie, si l'administration avait su ou voulu comprendre plutôt ce que renferme de puissance et de fécondité l'esprit d'association appliqué aux travaux d'utilité publique. Ces avantages on peut les estimer à plusieurs milliards (1).

Malheureusement, l'administration n'a pas voulu le comprendre, et c'est dans l'espoir, en éclairant l'avenir des enseignements du passé, d'amener l'opinion publique à l'y contraindre, que nous avons tracé ces lignes.

Oui, si, antérieurement, elle eût mieux compris la question des travaux publics, si elle n'eût pas refusé systématiquement tout développement du système de la garantie d'intérêt, mis au jour dès 1835, la loi du 11 juin n'eût pas été nécessaire; aujourd'hui la loi est votée; son principal objet est de réparer le temps perdu : en effet deux forces ont plus de puissance en agissant de concert que séparé-

---

(1) Le chemin de fer d'Orléans, d'une étendue de 133 kilomètres, a, dès la première année de son exploitation, donné des résultats qui, pour le public et les actionnaires, représentent, au minimum, 82 millions de francs, somme qui augmentera notablement avec le temps. Qu'on multiplie ce produit par le réseau de 4,000 kilomètres, compris dans la loi du 11 juin, et l'on verra que son exécution différée priva le pays de revenus ou d'économies qu'on ne peut pas évaluer à moins de trois ou quatre milliards.

Les fautes de l'administration coûtent cher au pays, comme on le voit!

ment, et à plus forte raison en sens contraire. C'est tout simplement la raison pour laquelle j'ai été et je suis partisan de cette loi que l'administration des ponts et chaussées, par ses ajournements continuels et dans des vues qui se sont trahies depuis, avait su rendre nécessaire. Quel que soit désormais le nouveau langage de cette administration, la seule marche raisonnable à suivre aujourd'hui, c'est de persévérer dans le système mixte, terrain neutre et de conciliation pour toutes les opinions, en assurant les intérêts de l'Etat par une participation dans les produits, participation que nous n'avons pas été le dernier ni le moins fervent à demander pour le trésor (1), et qui, étant bien réglée, comme il serait facile de le faire, garantirait tous les droits et donnerait satisfaction à tous les intérêts.

Que pourrait-on désirer davantage ? le sacrifice considérable qu'on avait cru faire pour doter le pays de voies de fer se convertirait en une dépense et une recette d'ordre; on recevrait d'une main ce qu'on aurait dépensé de l'autre, et, en définitive, l'Etat hériterait gratis, dans un temps court relativement aux anciennes concessions, de tous les chemins de fer, construits en partie avec l'argent des compagnies (2)!

Vraiment il y aurait lieu de se réjouir et non pas de se plaindre d'un tel résultat, et la loi du 11 juin, dans ce cas, deviendrait productive d'onéreuse qu'elle paraissait devoir être; nous croyons l'avoir démontré;—puissions-nous l'avoir fait avec cette clarté qui porte la conviction dans les esprits; puissions-nous aussi n'être plus exposé à entendre dire;

---

(1) Voir mes lettres à la *Presse*, du 7 avril 1843 et 1er février 1844 et au *Moniteur industriel*, du 10 mai 1843.

(2) Voir le système de garantie réciproque exposé au P. S., page 30.

comme, par une aberration d'esprit inconcevable, quelques personnes ont osé le faire, que des concessions comme celle d'Orléans, qui ont donné et donneront tant de produits à l'Etat sans jamais lui rien coûter, sont des concessions à jamais regrettables,—sont un malheur pour le pays (1).

Nous avons parlé avec liberté, sans passion, mais aussi sans crainte, des dispositions hostiles de l'administration des ponts et chaussées envers l'industrie. Nous avons cherché à faire comprendre ce qu'il y a de déplorable dans l'antagonisme de deux puissances qui pourraient faire tant de bien si elles se réunissaient dans un but commun, au lieu de s'épuiser en luttes inutiles.

Nous terminerons ces observations en exprimant du fond du cœur le vœu que l'esprit d'association, si longtemps et si malheureusement comprimé en France, puisse enfin s'étendre et se développer chez nous comme en d'autres contrées, et montrer l'énergie et la puissance dont il est éminemment doué; mais, pour accomplir de grandes choses, il ne faudrait pas que cet esprit d'association, si fécond et si utile, rencontrât une rivalité jalouse là où il devrait trouver protection et encouragement !

F. BARTHOLONY.

---

(1) On a fait récemment beaucoup de bruit d'un écrit publié de l'autre côté du détroit, intitulé *Railway Reform*. A entendre certaines personnes, l'Angleterre regrettait amèrement les concessions à perpétuité accordées aux compagnies, et voilà qu'il y a plus de bills de chemins de fer à perpétuité devant le Parlement, cette année, qu'il n'y en eût jamais à aucune autre époque! Ce fait n'a pas besoin de commentaires.

POST-SCRIPTUM.

Nous avons cherché, dans cet opuscule, à faire ressortir, par l'exemple du chemin de fer d'Orléans, le dommage considérable que cause au pays, par ses conséquences, le fatal esprit de monopole des ponts et chaussées. Mais nous croirions notre travail incomplet si nous ne transcrivions pas ici la note qui suit à l'appui de notre assertion, souvent répétée, qu'il serait facile de faire de la loi du 11 juin une loi éminemment utile. Il ne faudrait que le vouloir; nous en faisons juge le lecteur lui-même.

Voici cette note :

Note sur un système d'application de la loi du 11 juin ou de garantie réciproque le produit des chemins de fer étant 4 p. %, et comparaison de ce système avec celui de la garantie d'intérêt simple.

La cause véritable du vote presque unanime de la loi du 11 juin a été l'impatience du pays de jouir dans le plus bref délai possible des chemins de fer ; c'est pour atteindre ce but que les chambres se sont décidées à un sacrifice d'argent considérable; il ne s'agissait de rien moins, en effet, que de six à sept cents millions.

Depuis le vote de cette énorme dépense, le succès complet du chemin de fer d'Orléans, exécuté sans mise dehors du trésor public, a fait regretter à de bons esprits qu'on n'ait pas accueilli et généralisé le système de la garantie d'intérêt, au moyen duquel on aurait pu faire exécuter, sans aucuns déboursés, une portion notable des chemins de fer compris dans le réseau voté en 1842.

Ce regret légitime est trop général pour ne pas être partagé par la majorité des deux chambres; cependant, on ne peut pas se dissimuler, pour être vrai, qu'outre l'incon-

vénient de remettre sans cesse en question ce qui a été dé-
cidé, l'adoption de ce système aurait aujourd'hui l'inconvénient non moins grave de retarder l'entrée en jouissance
des chemins de fer, l'industrie ne pouvant aller aussi vite
à elle seule qu'unie dans un but commun à l'administration
publique ; cela est évident.

Le plus sage est donc, non pas de revenir en arrière, mais
au contraire de marcher en avant, en appliquant à la loi du
11 juin les combinaisons les plus utiles. Celle que nous
allons proposer et dont le gouvernement pourrait faire
immédiatement l'application à plusieurs lignes importantes,
nous le savons, nous paraît réunir éminemment tous les
caractères de convenance. En effet, elle aurait pour but et
pour résultat certain :

1° D'accélérer l'exécution de tous les chemins de fer votés;

2° D'exonérer l'État de tout sacrifice d'argent ;

3° De mettre l'Etat en possession, gratuitement, dans un
délai de moitié plus court que dans le système de la garantie d'intérêt, de tous les chemins de fer exécutés en
vertu de la combinaison dont il s'agit.

Cette combinaison aurait en outre l'avantage :

D'appeler de préférence dans ces entreprises fructueuses
les capitaux français ;

D'affranchir les compagnies et le gouvernement de tous
les conflits provenant de l'immixtion des intérêts ;

Enfin de laisser à l'État une position conforme à sa
dignité, bien mieux ménagée par un droit pur et simple au
remboursement en capital et intérêts de ses avances que par
une participation à des bénéfices qui doivent raisonnablement appartenir à l'industrie qui les produit.

L'État devrait d'autant moins revendiquer une part su-
périeure à celle que nous lui réservons, qu'indépendam-
ment de tous les revenus indirects qui résultent pour lui

de l'établissement des chemins de fer, ces chemins de fer, à l'expiration des baux, doivent lui faire retour et le doter d'immenses revenus.

Il est bien vrai que, dans notre combinaison (le système de la garantie réciproque), le trésor serait appelé à faire les avances des travaux mis à la charge de l'État (environ les trois cinquièmes) avances que, dans le système de la garantie d'intérêt simple, il n'aurait pas eu à faire, mais ces avances, comme nous l'avons dit, lui seraient remboursées en capital et intérêts ; et, quant à l'exécution des travaux, la coopération des ponts et chaussées serait incontestablement le moyen le plus efficace de hâter l'achèvement des chemins de fer.

Enfin, dans notre combinaison, l'État entrerait en possession gratuite des revenus des chemins de fer dans 46 ans au lieu de 99 ans, durée des concessions ordinaires. Voici cette combinaison :

Système d'application de la loi du 11 juin.

Art. 1er.

L'État garantira à la compagnie, pendant 46 ans et 324 jours, 3 % d'intérêt et 1 % d'amortissement de ses déboursés, en tout 4 %, aux clauses et conditions stipulées dans la loi du 15 juillet 1840 (1).

---

(1) On ne manquera pas de se récrier contre cette garantie *ajoutée à tant d'autres avantages*, comme disent nos adversaires. Cependant, ou les affaires garanties seront bonnes ou elles ne le seront pas. Si elles sont bonnes, et il en sera ainsi selon toutes les probabilités, la garantie de l'état est nulle, archinulle ; si elles sont médiocres, il en sera de même. Il faudrait qu'elles fussent détestables, qu'elles ne rendissent pas 1 3/3 p. % pour que le trésor fût exposé à payer quelque chose, et, encore dans ce cas, il serait remboursé sur les premiers produits excédant ce

Art. 2.

En retour, la Compagnie payera à l'État, pendant le même espace de temps, sur les premiers produits excédant ceux nécessaires à l'extinction de la garantie ci-dessus, le même intérêt de 3 % et 1 % d'amortissement sur le capital déboursé par l'État.

Art. 3.

Pendant la durée des travaux la compagnie sera autorisée à payer à ses actionnaires l'intérêt à 4 % de leurs versements.

Art. 4.

Après l'expiration du bail, soit dans 46 ans, 324 jours, l'État entrera en possession gratuite de la totalité du chemin, de la voie et de ses dépendances (1).

Art. 5.

L'Etat, après 15 ans d'exploitation, pourra racheter la concession aux conditions fixées pour la Compagnie d'Orléans, sauf que la prime stipulée pour la première période

---

chiffre infime de 1 3/5 p. % de tout ce qu'il aurait pu avancer ou ne pas recouvrer sur sa part pendant les années antérieures.

Mais, dans cette hypothèse, où seraient les bénéfices exagérés des compagnies, qui perdraient le quart et leur capital ?

La garantie sera nulle ou les affaires seront détestables ; il n'y a pas moyen de sortir de là. (*Voir* la deuxième lettre à un député et la lettre à M. Dufaure ; mai 1843.)

(1) Où serait, en l'absence de la garantie d'un minimum d'intérêt, la justice de la clause de cession gratuite de la voie? Cette clause n'est justiciable que dans l'hypothèse excessivement probable il est vrai, que la Compagnie rentrera dans ses capitaux et en touchera un intérêt raisonnable.

de 15 années, cessera complétement d'être due pour la seconde, soit pendant 16 années et 324 jours, terme de la concession (1).

Art. 6.

Si l'État venait à ne recevoir qu'en partie, ou à ne pas recevoir du tout, pendant une ou plusieurs années la part à laquelle il a droit en vertu de l'article 2 ci-dessus, il lui serait tenu compte des sommes arriérées et le remboursement en aurait lieu aux conditions stipulées dans l'article 3 de la loi du 15 juillet 1840.

Nous espérons avoir indiqué clairement les avantages qui ressortent pour l'Etat de notre combinaison, à savoir: exécution rapide des chemins de fer, revenus directs et indirects considérables; remboursement en capital et intérêt des avances du trésor; enfin, et en outre, héritage complet des chemins de fer mis en bon état de rapport, pendant la durée de la concession, par les compagnies. Il nous reste, pour compléter notre démonstration, à établir avec franchise et loyauté les avantages dont les compagnies, à leur tour, pourraient raisonnablement se flatter.

Nous avons dit dans de précédents écrits, que l'on pouvait estimer à vingt-cinq mille francs par kilomètre le produit net des bonnes lignes aboutissant à Paris. L'expérience des chemins de fer d'Orléans et de Rouen, mainte-

---

(1) Ce droit de rachat de la concession au pair, c'est-à-dire pour une annuité égale au revenu, est la réponse anticipée à l'objection d'une trop longue durée de la concession.—Où serait le dommage, si l'on peut le faire disparaître sans frais?

nant en exploitation, a confirmé pleinement cette estimation. Ce chiffre admis, que se passerait-il dans notre système, pour les compagnies du nord et du midi que nous avons principalement en vue? Le voici :

La dépense des compagnies étant de 150,000 fr. par kilomètre, l'intérêt et l'amortissement garantis par l'Etat exigeraient un prélèvement annuel de..   6,000 fr. par kil.

L'intérêt et l'amortisssement des avances de l'État estimées à 200,000 fr. par kilomètre exigeraient...........   8,000 fr. par kil.

Revenu nécessaire au service de la garantie réciproque................. 14,000 fr. par kil.

Resterait pour la compagnie un dividende de..................... 11,000 fr. par kil.

Soit sur 150,000 fr. 7,33 c. % à ajouter aux 3 % d'intérêts garantis par l'État, en tout 10 fr. 33 c. p. cent.

Somme égale........ 25,000 fr. par kil.

Ainsi, pour d'aussi grandes et aussi utiles entreprises que les chemins de fer du nord et du midi, après plusieurs années d'un travail improductif pendant lesquelles les compagnies resteraient exposées à toutes les chances de guerre et de crises politiques ou commerciales, les compagnies tireraient de leur industrie un revenu de 10,33 c. pour cent! Serait-ce quelque chose d'excessif, d'exorbitant, en complet désaccord avec les avantages assurés par leur œuvre à la chose publique? non, assurément, si l'on veut bien réfléchir que l'imprévu, sans cesse à nos portes, pourrait, d'un instant à l'autre, considérablement atténuer ou même faire disparaître entièrement ces bénéfices dont les chances, au reste, ne commenceraient qu'après que l'Etat aurait reçu sa part, les 3 °/₀ assurés par privilége aux compagnies n'étant pas un intérêt suffisant de leurs capitaux, même dans les circonstances favorables actuelles.

Mais, si ces considérations nous paraissent équitables appliquées aux lignes du nord et du midi, il n'en serait pas de même pour d'autres moins favorablement situées, comme celle de Strasbourg, celle de Bordeaux et la ligne du centre. Pour ces lignes là, il y aurait évidemment lieu d'éloigner la limite où commencerait le droit de participation de l'Etat. Ainsi, en outre des 4 °/₀ garantis, l'Etat pourrait consentir en faveur de ces compagnies un prélèvement privilégié de 2 ou 3 °/₀, de manière à ce qu'elles fussent à peu près sûres de toucher 5 ou 6 °/₀ d'intérêts de leurs déboursés. Ce serait un moyen simple d'égaliser les chances et de régler équitablement l'application du système à toutes les lignes, sans porter atteinte à son économie générale.

Si les chambres croient aux bienfaits de l'esprit d'association appliqué aux travaux publics, voilà, ce nous semble, le système qui devrait obtenir leur suffrage.

Ce système est préférable au système de la garantie d'intérêt lui-même, comme nous l'avons expliqué; et à bien plus forte raison au système bâtard des baux de simple exploitation présenté subsidiairement à la chambre des députés.

Bien avant l'expérimentation des chemins de fer d'Orléans et de Rouen, nous avons, le premier, appelé l'attention sur les bénéfices trop considérables qu'aurait assurés aux compagnies concessionnaires en vertu de la loi du 11 juin, l'omission d'une clause rémunératrice envers l'État.

Nous signalerons aujourd'hui les avantages bien autre-

ment excessifs que ferait aux bonnes lignes le *système
subsidiaire,* avantages que ne paraissent pas avoir aper-
çus les promoteurs de ce système, puisqu'ils l'opposent à
celui que nous défendons, et le présentent comme appelé
à corriger ce que le nôtre aurait, suivant eux, de trop
favorable aux compagnies.

Ce système *des baux de simple exploitation,* qui
exclut les grandes associations largement et solidement
constituées, sans avoir aucuns de leurs avantages, offre au
plus haut degré l'inconvénient de laisser dans le vague le
plus complet le sort des entreprises. Les résultats obtenus
par chacune des concessions seront très-exagérés en bien
ou en mal, selon que l'exploitation sera prospère ou malheureuse. En effet, le capital étant plus restreint des
quatre cinquièmes que celui nécessaire dans l'hypothèse
posée par la loi du 11 juin, il doit en résulter, si les produits sont élevés, des dividendes monstres de 40, 50 ou 60
pour o/o et peut être plus. Si, au contraire, les produits
nets sont faibles ou rendus nuls par des circonstances quel-
conques, ces circonstances deviennent une cause *de ruine
complète,* alors mêmes qu'elles ne seraient que momenta-
nées, la courte durée du bail ne permettant pas à la compagnie d'attendre des temps meilleurs : Alternative détestable qui condamne irrévocablement le système d'exploitation soumis à l'approbation des chambres.

Si l'on voulait absolument ne livrer aux compagnies que
la simple exploitation des chemins de fer et se donner le
plaisir de dépenser quelques centaines de millions de plus,
afin d'obtenir des baux de douze ans, il n'y aurait qu'un
seul mode raisonnable de procéder : ce serait au lieu du prix
de ferme fixe (5 pour o/o au minimum des dépenses supplé-
mentaires) qu'on propose d'imposer à la compagnie exploi-
tante, prix qui, en l'absence de renseignements certains

sur les produits pour le présent et surtout pour l'avenir, sera nécessairement trop élevé ou trop bas, ce serait, disons-nous, de régler une participation qui, ne frappant que sur les produits *effectifs*, fasse la part de chacun dans la proportion exacte des revenus.

Nous croyons en avoir dit assez pour prouver que le système de l'*exploitation simple* tel qu'il est proposé, a des inconvénients bien autrement graves que ceux reprochés au système mixte consacré par la loi du 11 juin; ce n'est donc pas dans le système de l'exploitation que se trouve la solution cherchée; cette solution, nous le croyons fermement, est dans la combinaison que nous venons de soumettre au jugement de nos lecteurs.

F. BARTHOLONY.

NOTE ADDITIONNELLE.

Dans une lettre insérée dans la *Presse*, le 1er février, nous avons dit pour établir que l'administration serait impropre à l'exploitation des chemins de fer : « Pour ceux qui n'ont « pas de parti pris d'avance, le doute paraît impossible en « présence des faits qui se sont produits sur les canaux admi- « nistrés par l'état. En effet, malgré que cette exploitation « soit, relativement, simple et facile, tous les canaux admi- « nistrés par lui languissent, tandis que ceux dirigés par des « compagnies sont en pleine prospérité......

On nous répondit que nous étions dans l'erreur : « à « cette heure la navigation est beaucoup plus active sur les « canaux nouvellement achevés de l'état qu'elle ne l'est sur « ces canaux que l'on dit en pleine prospérité et qui comptent « des siècles d'existence. Ainsi, pendant que les tonnages « des canaux du Midi, de Briare, du Loing, d'Orléans, « *n'atteignent pas 110 mille tonnes*, le tonnage du canal La- « téral dépasse ce chiffre; celui du canal de Bourgogne, 146 « mille tonnes; celui du canal du Rhône au Rhin, 156 mille; « celui du canal du Centre, 165 mille.

Cette assertion renversait complétement notre raison- nement. Cherchant la vérité avant tout, nous sommes allé aux renseignements, et nous avons constaté qu'en 1842 le transport, sur le canal de Briare, s'est élevé à

260 mille tonnes.

Celui de Loing et d'Orléans, à 400 —
Celui du canal du Midi, à.... 260 —

ou, en moyenne, à peu de chose près, trois fois le tonnage supposé par notre honorable contradicteur. Notre obser- vation du 1er février subsiste donc dans toute sa force.

Il aurait, au reste, été difficile qu'il en fût autrement, car comment alors s'expliquer les revenus importants donnés à leurs actionnaires par les canaux particuliers, lorsque l'état couvre à peine ses frais sur l'ensemble des siens ? Il fallait nécessairement que le tonnage des uns fût supérieur au tonnage des autres ; c'est ce que nous venons d'établir.

Puisque j'ai eu l'occasion de parler canaux, j'en profiterai pour dire quelques mots sur la prétendue destruction des voies d'eau qu'au dire de quelques personnes la création des chemins de fers semblerait fatalement destinée à accomplir. On a cité, à l'appui de cette opinion, ce qui se passe en Angleterre. Mais l'exemple n'est nullement concluant ; car, en Angleterre, les droits de navigation étaient doubles au moins des nôtres et la rivalité des chemins de fer a pu facilement les forcer à un abaissement, sans *détruire* d'ailleurs une propriété dont la valeur était décuplée, et qui a pu perdre une portion notable de sa plus-value sans cesser d'être encore une magnifique création, au point de vue du revenu aussi bien qu'aux autres. Plût à Dieu que nos canaux eussent des produits égaux à la moitié seulement de ceux de la ligne de Londres à Liverpool qu'on dit si à plaindre de la rivalité des voies de fer !

Sans entrer ici dans des détails étrangers au sujet que j'ai traité, on comprendra facilement que les voies d'eau et les chemins de fer peuvent très-bien vivre ensemble, destinés qu'ils sont à des usages différents. En effet, la voie d'eau sur laquelle la résistance est six fois moindre que sur un chemin de fer dans de bonnes conditions, et soixante fois moindre que sur une route empierrée, transportera toujours, surtout au moyen de la vapeur qu'on finira bien par introduire sur les canaux (on peut s'en rapporter au génie des inventions), la voie d'eau transportera toujours à meilleur marché que les chemins de fer. A elle donc les marchandises encombrantes et de peu de valeur. Aux chemins de fer les marchandises précieuses, ou pressées ou à proximité des chemins !

Ces deux voies auront donc chacune des aliments d'existence particuliers. Qu'on mette les canaux en bon état de navigation; qu'on puisse y circuler sans entraves, sans interruption et franchir 8 à 10 lieues par jour comme dans les pays où la navigation est bien organisée, et alors ces voies d'eau offriront des moyens de circulation pour les marchandises encombrantes, préférables à tous autres.

Est-ce à dire alors qu'à leur tour, elles nuiront aux chemins de fer? Nullement.

. Il y aura, dans une amélioration générale des communications, des aliments de prospérité pour tous. Les chemins de fer s'empareront de ce qui est à leur portée, les voies navigables de ce qui est à la leur, et les produits des uns et des autres, loin de diminuer, augmenteront avec la prospérité générale dont ces mêmes transports seront en partie la cause

Comment, dira-t-on, serait-il possible, tout à la fois, de multiplier les voies de transport et de voir augmenter leurs produits? Eh! par une raison bien simple. On estime à 500 millions par an les frais de transport par la voie de terre. Si les communications par chemin de fer et par eau étaient complètes comme elles devraient l'être, comme elles le seront un jour, il ne se ferait plus de transport par terre que pour venir rejoindre l'une des grandes artères perfectionnées. Il y a là, comme on le voit, de quoi rassurer ceux qui craignent que les chemins de fer et les canaux se détruisent les uns les autres; ce qui ne veut pas dire pourtant qu'il ne faille pas distribuer le mieux possible les voies nouvelles sur le territoire.

Il n'y aura de détruit, par le développement si désirable

des voies de communication perfectionnées, que le mode
de transport onéreux actuel, et c'est à ce résultat que doivent tendre tous les efforts des vrais amis du pays.